Uwe Schwender

Bestandteile und Aufgaben des Blutes

Einführung der Unterrichtsmethode „Gruppenpuzzle"

GRIN Verlag

Bibliografische Information der Deutschen Nationalbibliothek:

Die Deutsche Bibliothek verzeichnet diese Publikation in der Deutschen National-bibliografie; detaillierte bibliografische Daten sind im Internet über http://dnb.d-nb.de/ abrufbar.

Impressum:

Copyright © 2012 GRIN Verlag GmbH
Druck und Bindung: Books on Demand GmbH, Norderstedt Germany
ISBN: 978-3-656-34512-1

Dieses Buch bei GRIN:

http://www.grin.com/de/e-book/202794/bestandteile-und-aufgaben-des-blutes

GRIN - Your knowledge has value

Der GRIN Verlag publiziert seit 1998 wissenschaftliche Arbeiten von Studenten, Hochschullehrern und anderen Akademikern als eBook und gedrucktes Buch. Die Verlagswebsite www.grin.com ist die ideale Plattform zur Veröffentlichung von Hausarbeiten, Abschlussarbeiten, wissenschaftlichen Aufsätzen, Dissertationen und Fachbüchern.

Besuchen Sie uns im Internet:

http://www.grin.com/

http://www.facebook.com/grincom

http://www.twitter.com/grin_com

Schwender, Uwe   **Kurs:** K 11

Sächsische Bildungsagentur

Regionalstelle Dresden

Ausbildungsstätte für das Höhere Lehramt

an berufsbildenden Schulen im Freistaat Sachsen

Fachdidaktik: Gesundheit

Einsatzschule: **Schulart:** Berufsschule

BSZ für Gesundheit und Sozialwesen

Ausbildungsberuf: Zahnmedizinische Fachangestellte

Klasse: N.N.   **Klassenstufe:** 1

Unterrichtstag: 30.11.2011   **Unterrichtszeit:** 10.00 -10.45 Uhr

Handlungsbereich: HB 5
                       „Zwischenfällen vorbeugen und in Notfallsituationen Hilfe leisten"

Lehrplan: Erprobungslehrplan des Freistaates Sachsen, August 2003

Lehrplaneinheit: Funktionsstörungen des Herz-Kreislaufsystems vorbeugen und in
                       Notfallsituationen Erste Hilfe leisten

Unterrichtsthema: Einführung der Unterrichtsmethode „Gruppenpuzzle" anhand des
                       Stundenthemas „Bestandteile und Aufgaben des Blutes"

Inhaltsverzeichnis

1 Lernziele

1.1 Groblernziele

Die Schülerinnen sind in der Lage...

- den menschlichen Organismus als funktionelle Einheit zu begreifen und darauf aufbauend eine umfassende Patientenbeobachtung vorzunehmen.
- den Zahnarzt bei der Anamnese zu unterstützen und gegebenenfalls Risikopatienten zu identifizieren.
- anhand ihrer anatomisch-physiologischen Kenntnisse Symptome bei Patienten bestimmten Funktionsstörungen zuzuordnen und dadurch Notfälle rechtzeitig zu erkennen.
- in Notfallsituationen durch Einleitung und Koordinierung von Erste-Hilfe-Maßnahmen die ärztlichen Sofortmaßnahmen zu unterstützen.

1.2 Feinlernziele

a) Kognitiver, affektiver und psychomotorischer Bereich

Die Schülerinnen sind in der Lage ...

- unter Einhaltung der Zeitvorgabe die in den Arbeitsaufträgen geforderten Informationen im zur Verfügung gestellten Fachtext eigenständig zu identifizieren und die relevanten Textstellen zu markieren.

b) Sozial-kommunikativer Bereich

Die Schülerinnen sind in der Lage...

- in den Gruppenarbeitsphasen grundlegende Kommunikationsregeln einzuhalten, miteinander zu kooperieren und Kompromisse einzugehen bzw. unter Umständen Konflikte selbständig zu lösen.
- ihre Kenntnisse strukturiert den Mitgliedern der jeweiligen Stammgruppe vorzutragen, nachdem sie sich innerhalb der Expertenrunde zu ihrem jeweiligen Thema ausgetauscht und die relevanten Informationen ergänzt haben.
- zum Abschluss des Gruppenpuzzles den Berichten der jeweiligen Experten aufmerksam zuzuhören, gegebenenfalls durch Nachfragen noch bestehende Verständnisschwierigkeiten zu beheben und somit selbständig das Arbeitsblatt „Bestandteile und Aufgaben des Blutes" zu vervollständigen.

3

c) affektiver Bereich

Die Schülerinnen sind in der Lage ...

- durch eine hohe Lernbereitschaft in sämtlichen Phasen des „Gruppenpuzzles" die zur Verfügung stehende Arbeitszeit effektiv zu nutzen.

- den Ablauf eines „Gruppenpuzzles" zu kennen und die Methode als Chance zum selbständigen und eigenverantwortlichen Lernen zu begreifen.

2 Unterrichtsbedingungen

Den Ausführungen zu den Unterrichtsbedingungen ist voranzustellen, dass ich in der Klasse N.N. bisher noch keinen Unterricht erteilt habe und auch die Gelegenheit zur Hospitation nicht gegeben war. Sämtliche Darstellungen wurden aus den Schülerakten, Gesprächen mit dem Fachlehrer sowie aus Erfahrungen mit den Parallelklassen abgeleitet.

2.1 Lerngruppe

Schülerzahl: 13 (26)   davon weiblich: 13 (26)   männlich: -

Die Klasse N.N. wird von 26 Schülerinnen gebildet. Der Unterricht im Handlungsbereich 5 wird jedoch mit der Hälfte der Schülerzahl, in sogenannten Halbgruppen, durchgeführt, was sich positiv auf die Lernatmosphäre auswirkt. Allerdings findet durch die Klassenteilung der Unterricht im HB 5 nur jeweils vierzehntägig mit einer Doppelstunde statt.

In der Halbgruppe 1 verfügen 10 Schülerinnen über einen mittelmäßigen bis schlechten Realschulabschluss (Durchschnittsnoten 3-4), 3 Schülerinnen haben das Abitur abgelegt. Nach ihrem Schulabschluss hatten 7 Schülerinnen bereits eine Erstausbildung, vorrangig im kaufmännischen Bereich, absolviert bzw. begonnen und später dann abgebrochen. Infolgedessen sind biologische sowie medizinische Vorkenntnisse in nur sehr begrenztem Umfang vorhanden. Jedoch haben fast alle der Schülerinnen bereits ein- oder mehrmals in ihrem Leben einen Erste-Hilfe-Kurs absolviert, so dass Grundkenntnisse und Fertigkeiten in diesem Bereich zu erwarten sind.

Die Mehrzahl der Schülerinnen zeigt eine gute Lernbereitschaft, allerdings fehlt es an Selbstvertrauen, Eigenständigkeit im Lernen sowie an der Beherrschung von kommunikativen und methodischen Kompetenzen. Das Verhalten innerhalb der Lerngruppe sowie der Fachlehrerin gegenüber ist geprägt von gegenseitiger Achtung und Respekt voreinander.

4

2.2 Institutionelle Rahmenbedingungen

Die Ausstattung der Fachkabinette und Unterrichtsräume am Beruflichen Schulzentrum „Karl August Lingner" lässt sich als beispielhaft beschreiben. Es existiert eine Vielzahl an anatomischen Modellen sowie Erste-Hilfe-Materialien für einen praxisorientierten und anschaulichen Unterricht. Als zusätzliche Medien können Beamer und DVD-Player eingesetzt werden. Darüber hinaus besteht die Möglichkeit für die Schüler Notebooks zur selbständigen Internetrecherche zu entleihen. Das Schulzentrum verfügt über eine umfangreiche Bibliothek, die jedoch auf Grund einer personellen Vakanz derzeit nicht geöffnet ist. Die Mehrzahl der Unterrichtsräume ist für eine Klassengröße bis zu 32 Schülern konzipiert, so dass ein Unterricht in Halbgruppen problemlos möglich ist.

3 Didaktische Analyse für die ausgewählte Lernsituation

Die Befähigung zum lebenslangen Lernen ist zum Leitbild unserer modernen Bildungs-gesellschaft avanciert. Infolgedessen nehmen zunehmend methodische und sozialkommunikative Kompetenzen eine Schlüsselrolle bei der Verwirklichung von Bildungszielen ein. Insbesondere für die Ausbildungsberufe im Gesundheitswesen sind die Vermittlung von eigenverantwortlichem und selbstorganisiertem Lernen sowie die Fähigkeit in Gruppen kooperieren zu können von herausragender Bedeutung. Somit wurde auch bei der Festlegung von Bildungs- und Erziehungszielen des sächsischen Lehrplans für Zahnmedizinische Fachangestellte „auf die Entwicklung und Ausprägung beruflicher Handlungskompetenz in der Einheit von Fach-, Methoden-, Personal- und Sozialkompetenz"[1] geachtet.

Von diesen Bildungskonzepten ausgehend entschied ich mich bei der Planung der Lernsituation für die Unterrichtsmethode „Gruppenpuzzle", da hierbei neben einer Gruppenarbeit auch Elemente der Projektmethode, des Rollenspiels und des Stationenlernens einfließen (Frey-Eiling; Frey 1999). Da die Themen „Zelle" und „Gewebe" bereits Gegenstand der vergangenen Unterrichtsstunden waren und inhaltlich abgeschlossen wurden,

---

1 Sächsisches Staatsministerium für Kultus (2003): Erprobungslehrplan Zahnmedizinische Fachangestellte, S. 6

war es mir möglich den neuen Abschnitt „Bestandteile und Aufgaben des Blutes" innerhalb der Lehrplaneinheit „Funktionsstörungen des Herz-Kreislaufsystems vorbeugen und in Notfallsituationen Erste Hilfe leisten" zu beginnen.

Das „Gruppenpuzzle" lässt sich in vier Abschnitte einteilen:

1. Planung

2. Wissenserwerb

3. Expertenrunde

4. Unterrichtsrunde   (Vgl. Meyer 2004)

1. Planung

In der Planungsphase musste zunächst festgestellt werden, inwiefern das „Gruppenpuzzle" eine angemessene Methode für das zu bearbeitende Thema darstellt. Voraussetzung für die Anwendung ist, dass kein hierarchischer Aufbau im Thema vorhanden ist und dass die Aufteilung in mehrere gleichwertige Gebiete erfolgen kann. Da ein „Gruppenpuzzle" in der Regel mehrere Unterrichtsstunden umfasst, mussten eigene Texte kreiert werden, damit dies in 45 Minuten durchführbar wird. Darüber hinaus war es erforderlich den Texten präzise Lernziele zuzuordnen, um eine einheitliche Ergebnissicherung zu ermöglichen.

2. Wissenserwerb

In der ersten Unterrichtsphase des „Gruppenpuzzles" bearbeiten die Schülerinnen ihr jeweiliges Thema in Einzelarbeit. Sie erhalten hierzu die vorbereiteten Texte mit den entsprechenden Arbeitsaufträgen. Diese Unterrichtseinheit findet in Stammgruppen statt, die sich aus je einem Experten zu den vergebenen Themen zusammensetzt.

3. Expertenrunde

Nach einer vorgegebenen Zeit wird die Einzelarbeit beendet. Alle Schülerinnen mit dem gleichen Thema treffen sich in sogenannten „Expertengruppen" zum sogenannten Expertenaustausch. Ziel ist es offen gebliebene Fragen im Gruppengespräch zu klären. Darüber hinaus, werden verbindliche Aussagen getroffen, welche Informationen an die Mitschülerinnen übermittelt werden. Dazu wird sich an einem zur Verfügung gestellten Arbeitsblatt orientiert. Da der zeitliche Rahmen begrenzt ist, sollen die bearbeiteten Inhalte den jeweiligen Mitschülerinnen unter Zuhilfenahme des bereits Arbeitsblattes mitgeteilt werden. Die Vorgabe eines Arbeitsblattes war notwendig, da die Erstellung durch die Schüler in einer Unterrichtseinheit mit 45 Minuten nicht möglich gewesen wäre.

4. Unterrichtsrunde

Zum Abschluss des Gruppenpuzzles kehren die Experten in ihre Stammgruppe zurück und unterrichten die Mitglieder ihrer Stammgruppe über die erworbenen Kenntnisse. Gemeinsam wird das Arbeitsblatt vervollständigt. Zur Lernerfolgskontrolle und zur einheitlichen Ergebnissicherung wird eine Stammgruppe zur Vorstellung ihres ausgefüllten Arbeitsblattes aufgefordert.

4   Verlaufsplanung

Phase	Zeit	Handlungen des Lehrers	Erwartete Handlungen der Lernenden
Unterrichtsbeginn	10.00 Uhr	- Begrüßung, Vorstellen der eigenen Person und des Besuches - Schüler kennen mich nur flüchtig, schreibe daher meinen Namen an die Tafel - Feststellen der Anwesenheit	- Aufmerksames Zuhören - Klärung möglicher Rückfragen im Plenum
Stundeneinstieg	bis 10.10 Uhr	- Vorstellung des Stundenthemas mit Einstiegsfolie „Blut ist ein ganz besonderer Saft" - Ankündigung einer neuen Unterrichtsmethode, bei der eigenverantwortliches Arbeiten und Vermittlung von Kenntnissen durch die Schülerinnen im Vordergrund stehen - Vorgehensweise mit 2 Folien erklären („Ablauf des Gruppenpuzzles" und „Arbeitsschritte").	- Aufmerksames Zuhören - Klärung möglicher Rückfragen im Plenum

Phase	Zeit	Handlungen des Lehrers	Erwartete Handlungen der Lernenden
Erarbeitungsphase	ca. 10.10 Uhr	- Loskarten für die Gruppenzuteilung ausgeben - 4 Schulbänke mit Tischkarten versehen - Aufforderung an die Schülerinnen, sich an den Gruppenarbeitsplätzen einzufinden - Fachtexte (Themen 1-4) inklusive Arbeitsaufträge an Gruppenarbeitsplätze austeilen - Aufforderung an Schülerinnen Tischkarten zu wenden, sich an den jeweiligen Experten-arbeitsplätzen einzufinden und sich zu ihren Themen auszutauschen	Durchführung des Gruppenpuzzles - Schülerinnen begeben sich entsprechend ihrer Loskarte zu den jeweiligen Arbeitsplätzen der Stammgruppen Runde 1 - Schülerinnen bearbeiten ihr Thema zunächst in Einzelarbeit, markieren relevante Textstellen. - Schülerinnen begeben sich zu den Expertentischen
	ca. 10.17 Uhr	- Arbeitsblatt „Bestandteile und Aufgaben des Blutes" austeilen - Ende der Gruppenarbeitszeit an Tafel schreiben, die „Zeitwächter" der jeweiligen Gruppen auf rationelles Arbeiten hinweisen	Runde 2 - Gedanklicher Austausch zu den jeweiligen Themen in der Expertengruppe und gemeinsames Ergänzen der relevanten Informationen im Arbeitsblatt - „Zeitwächter" achten auf effektives Arbeiten innerhalb der Gruppe

9

Phase	Zeit	Handlungen des Lehrers	Erwartete Handlungen der Lernenden
Ergebnissicherung	ca. 10.25 Uhr	- Aufforderung an Schülerinnen Experten-gespräche zu beenden und in Stammgruppe zurückzukehren	Runde 3 - Experten berichten in Stammgruppe von bearbeiteten Themen - Gruppenmitglieder sichern selbständig die erforderlichen Informationen durch Ergänzen des Arbeitsblattes - Beantwortung möglicher Rückfragen durch die jeweiligen Experten
Lernerfolgskontrolle	ca. 10.37 Uhr	- Frage welche Gruppe ihre Ergebnisse präsentieren möchte, ggf. Auswahl einer Gruppe - Visualisierung des Erwartungshorizontes als Folie simultan zu Schülerangaben Anmerkung: - Vorstellen des Erwartungshorizontes auf Folie, falls Zeit für Gruppenpräsentation nicht ausreicht	- Vorstellen des Arbeitsergebnisses im Plenum durch eine Gruppe
Ende der Unterrichtsstunde	10.43 Uhr 10.45 Uhr	- Feedback zur Methode und zu den Texten einholen (falls Zeit zur Verfügung) - Ausblick auf die nächste Unterrichtsstunde geben - Verabschiedung	- Meinungen zur Unterrichtsmethode und zu Fachtexten äußern - Zuhören, ggf. Fragen stellen

5   Anlagen

Inhaltsübersicht

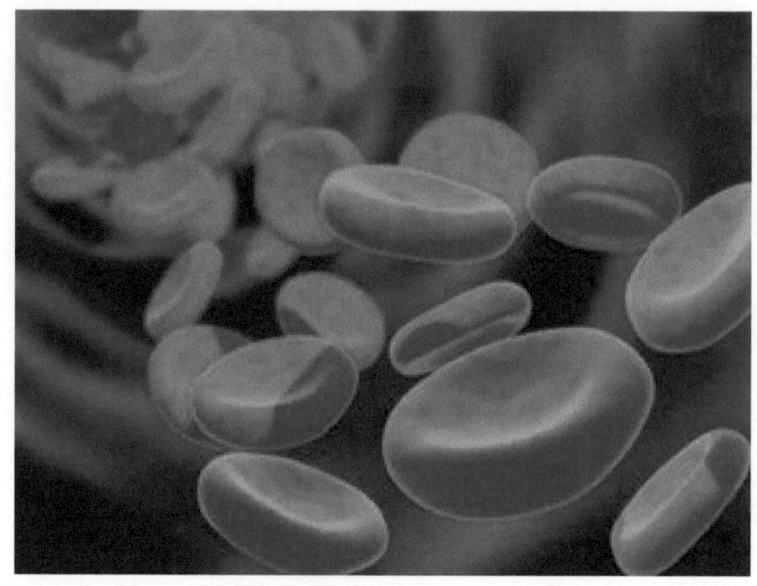

„Blut ist ein ganz besonderer Saft."

(Johann Wolfgang von Goethe, Faust I)

Ablauf des „Gruppenpuzzles"

Runde 1: Einzelarbeit in den **Stammgruppen**

Gruppe A	Gruppe B	Gruppe C	Gruppe A	Gruppe B	Gruppe C
Thema 1	Thema 1	Thema 1	Thema 2	Thema 2	Thema 2
Gruppe A	Gruppe B	Gruppe C	Gruppe A	Gruppe B	Gruppe C
Thema 3	Thema 3	Thema 3	Thema 4	Thema 4	Thema 4

Runde 2: Austausch in den **Expertengruppen**

Gruppe A	Gruppe B	Gruppe A	Gruppe B	Gruppe A	Gruppe B
Thema 1	Thema 1	Thema 2	Thema 2	Thema 3	Thema 3
Gruppe C		Gruppe C		Gruppe C	
Thema 1		Thema 2		Thema 3	

Gruppe A	Gruppe B
Thema 4	Thema 4
Gruppe C	
Thema 4	

Runde 3: Interviews in den **Stammgruppen**

13

Arbeitsschritte

Runde 1

1. Durch das Ziehen von Karten werden die Mitglieder der **Stammgruppen** (Gruppen A-D) gebildet. Alle Mitglieder einer Gruppe treffen sich an ihrem jeweiligen Arbeitstisch.

2. Jeder Teilnehmer erhält einen Text (Themen 1-4) sowie ein zugehöriges Aufgabenblatt und bearbeitet dieses zunächst in Einzelarbeit. (5 – 10 Min.)

Runde 2

3. Nun treffen sich alle Teilnehmer, die das gleiche Thema bearbeitet haben (z.B. Thema 1 – „Rote Blutkörperchen") in **Expertengruppen,** besprechen den bearbeiteten Text und die Aufgaben. Sie erhalten ein Arbeitsblatt, welches sie für Ihren Themenbereich gemeinsam ausfüllen! (10 Min.)

Runde 3

4. Die Experten kehren in ihre jeweilige **Stammgruppe** zurück und vermitteln den anderen Mitgliedern der **Stammgruppe** das Arbeitsergebnis. Gemeinsam wird das Arbeitsblatt zum Thema „Bestandteile und Aufgaben des Blutes" vervollständigt. (10 – 15 Min.)

5. Eine **Stammgruppe** stellt ihr Ergebnis dem Plenum vor.

Tisch für Gruppe

A

Tisch für Expertenteam

Thema 1:

Rote Blutkörperchen

Tisch für Gruppe

Tisch für Expertenteam

Thema 2:

Weiße Blutkörperchen

Tisch für Gruppe

Tisch für Expertenteam

Thema 3:

Blutplättchen

Tisch für Expertenteam

Thema 4:

Blutplasma

A 5: Karten für die Gruppeneinteilung

Gruppe A Text 1 **Rote Blutkörperchen** *„Zeitwächter"*	**Gruppe A** Text 2 **weiße Blutkörperchen**	**Gruppe A** Text 3 **Blutplättchen**	**Gruppe A** Text 4 **Blutplasma**

Gruppe B Text 1 **rote Blutkörperchen**	**Gruppe B** Text 2 **weiße Blutkörperchen** *„Zeitwächter"*	**Gruppe B** Text 3 **Blutplättchen**	**Gruppe B** Text 4 **Blutplasma**

Gruppe C Text 1 **rote Blutkörperchen**	**Gruppe C** Text 2 **weiße Blutkörperchen**	**Gruppe C** Text 3 **Blutplättchen** *„Zeitwächter"*	**Gruppe C** Text 4 **Blutplasma** *„Zeitwächter"*

Gruppe C
Text 1
rote Blutkörperchen

A 6: Arbeitsaufträge zu den Themen 1-4

Arbeitsauftrag - Thema 1

Lesen Sie den Text zum Thema „Rote Blutkörperchen".

Achten Sie dabei auf folgende Informationen:

- wissenschaftliche Bezeichnung der roten Blutkörperchen
- Aussehen, Größe und Form
- Anzahl im Blut (bezogen auf 1 mm^3)
- Lebensdauer
- Bildungsort
- Funktion

Markieren Sie die entsprechenden Inhalte im Text!

Arbeitsauftrag - Thema 2

Lesen Sie den Text zum Thema „Weiße Blutkörperchen".

Achten Sie dabei auf folgende Informationen:

- wissenschaftliche Bezeichnung der weißen Blutkörperchen
- Größe
- Anzahl im Blut (bezogen auf 1 mm^3)
- Lebensdauer
- Bildungsort
- allgemeine Funktion
- Unterteilung der weißen Blutkörperchen

Markieren Sie die entsprechenden Inhalte im Text!

Arbeitsauftrag - Thema 3

Lesen Sie den Text zum Thema „Blutplättchen".

Achten Sie dabei auf folgende Informationen:

- wissenschaftliche Bezeichnung der Blutplättchen
- Größe und Form
- Anzahl im Blut (bezogen auf 1 mm^3)
- Lebensdauer
- Bildungsort
- Funktion

Markieren Sie die entsprechenden Inhalte im Text!

23

A 6: Arbeitsaufträge zu den Themen 1-4

Arbeitsauftrag - Thema 4

Lesen Sie den Text zum Thema „Blutplasma".

Achten Sie dabei auf folgende Informationen:

- Prozentuale Zusammensetzung des Blutplasmas
- Funktionen der Bluteiweiße
- Definition von Blutserum

Markieren Sie die entsprechenden Inhalte im Text!

Bestandteile und Aufgaben des Blutes

Im Körper eines erwachsenen Menschen fließen 4-6 Liter Blut, dies entspricht 6-8% der Körpermasse. Das Blut ist ein flüssiges Gewebe und besteht zu 45% aus Blutkörperchen (Blutzellen, geformte Bestandteile) und zu 55% aus Blutplasma (durchsichtige, helle Flüssigkeit).

Thema 1 – Rote Blutkörperchen

Die roten Blutkörperchen, auch Erythrozyten genannt, stellen mengenmäßig den größten Anteil an Zellen im Blut (ca. 94 %). So enthält 1 mm³ Blut bei Männern ca. 5,4 Millionen und bei Frauen ca. 4,8 Millionen Erythrozyten.

Im Mikroskop zeigen sich die roten Blutkörperchen als flache, kreisrunde und beidseitig eingedellte Zellen mit einem Durchmesser von 7,5 Mikrometer (µm). Sie sind gut verformbar und können daher auch die kleinsten Blutgefäße (Kapillaren) mit einem Durchmesser von 5µm passieren.

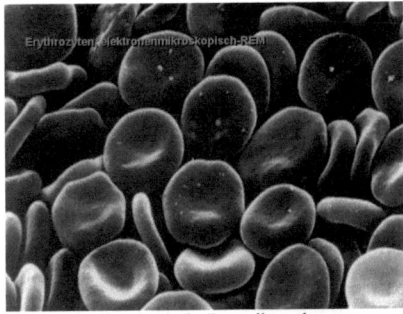

Elektronenmikroskopische Darstellung der roten Blutkörperchen (8000fache Vergrößerung). Gut sichtbar ist die dreidimensionale Form (beidseitige Eindellung).

Rote Blutkörperchen werden im Knochenmark gebildet, wo sie vor ihrer Freisetzung ins Blut die meisten Zellorganellen und ihren Zellkern verlieren. Daher besitzen sie nicht die Fähigkeit sich durch Zellteilung zu vermehren. Sie zirkulieren ca. 120 Tage im Blut, bevor sie von den Zellen der Milz aus dem Blut entfernt und abgebaut werden. Um diesen Verlust auszugleichen müssen stündlich ca. 10 Milliarden Erythrozyten neu gebildet werden.

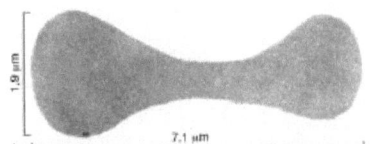

Elektronenmikroskopische Darstellung eines Erythroyzten im Querschnitt.

Die Hauptaufgabe der Erythrozyten besteht in dem Transport von Atemgasen. Dazu sind annähernd 90% des Zellvolumens mit dem roten Blutfarbstoff Hämoglobin ausgefüllt. Dieser hat die Fähigkeit den in der Lunge aufgenommenen Sauerstoff zu binden und im Gewebe abzugeben. Im Austausch dafür wird Hämoglobin mit Kohlendioxid beladen, welches in der Lunge abgegeben wird.

Dieser Mechanismus wird bei einer Rauchgasvergiftung mit dem geruchlosen Gas Kohlenmonoxid gestört. Dieses Gas setzt sich an den Bindungsstellen des Hämoglobins fest und verhindert damit eine Anlagerung des Sauerstoffs. Der dadurch bedingte Sauerstoff-

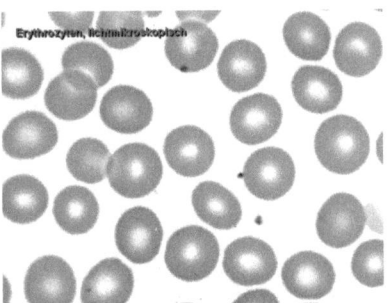

Lichtmikroskopische Darstellung von Erythrozyten. 1000fache Vergrößerung. Das aufgehellte Zentrum entspricht dem dünnsten Bereich der scheibenförmigen Zellen.

Abbildungen aus: Welsch, U. (2003): Lehrbuch Histologie, S. 188

25

mangel führt zum Ersticken der Körperzellen und kann tödlich verlaufen.

Bestandteile und Aufgaben des Blutes

Im Körper eines erwachsenen Menschen fließen 4-6 Liter Blut, dies entspricht 6-8% der Körpermasse. Das Blut ist ein flüssiges Gewebe und besteht zu 45% aus Blutkörperchen (Blutzellen, geformte Bestandteile) und zu 55% aus Blutplasma (durchsichtige, helle Flüssigkeit).

Thema 2 – Weiße Blutzellen (Leukozyten)

Die weißen Blutkörperchen (Leukozyten) dienen den Abwehrvorgängen im Körper. Sie enthalten Zellorganellen und einen Zellkern, so dass eine Vermehrung durch Teilung möglich ist. Vorrangig werden sie jedoch im Knochenmark gebildet.

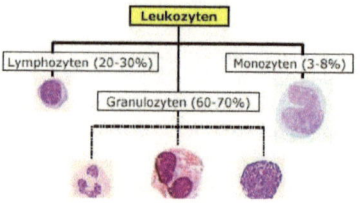

Abbildung (modifiziert) aus: Trebsdorf, M. (2000): Biologie, Anatomie, Physiologie, S. 153

1 mm³ Blut enthält 4.000-10.000 weiße Blutkörperchen, wobei ihre Anzahl im Blut von der Tageszeit und dem Aktivitätszustandes des Organismus abhängig ist. Im Gegensatz zu den übrigen Blutzellen halten sich jedoch nur 5% der Leukozyten im Blut auf, da sie es lediglich als Transportmittel nutzen um zu ihrem Bestimmungsort zu gelangen. An den kleinsten Blutgefäßen können sie durch die Wand in das umgebende Gewebe hindurch treten. Die Mehrzahl der Leukozyten ist im Knochenmark, Milz, Thymus und Lymphknoten zu finden.

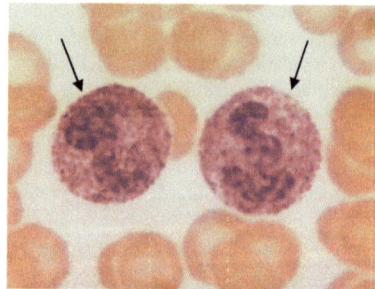

Lichtmikroskopische Darstellung von Leukozyten (Pfeil). Die übrigen Zellen sind rote Blutkörperchen. 1000fache Vergrößerung.

Abbildung aus: Reiche, D. (2003): Roche Lexikon, S. 197.

Entsprechend den Abwehraufgaben unterscheidet man bei den weißen Blutkörperchen drei Gruppen:

1. Granulozyten

Mit einem Anteil von 60-70% stellen Sie den größten Anteil an weißen Blutzellen. Ihre Hauptaufgabe ist die unspezifische Beseitigung von Fremdkörpern. Sie umfließen die Partikel und lösen sie durch Freisetzung von aggressiven Stoffen auf. Dabei sterben sie oft selbst ab, es entsteht Eiter.

2. Monozyten

Sie sind mit 20 Mikrometer die größten Blutkörperchen und nehmen einen Anteil von 3-8% der Leukozyten ein. Monozyten sind in der Lage relativ große Partikel, wie z.B. Pilze, Bakterien, geschädigte körpereigene Zellen zu verdauen (Phagozytose). Daher werden sie auch als „Riesenfresszelle" bezeichnet.

3. Lymphozyten

20-30% der weißen Blutzellen sind Lymphozyten. Jedoch halten sich fast alle dieser Zellen außerhalb des Blutes in lymphatischen Organen (Lymphknoten, Thymus, Milz) auf. Ihre Aufgabe besteht in der spezifischen Abwehr, insbesondere von Viruserkrankungen.

Diese Vielfalt der weißen Blutkörperchen erklärt die beträchtlichen Unterschiede sowohl in der Zellgröße (7-20 Mikrometer) als auch in der Lebensdauer (einige Stunden bis mehrere Jahre) zwischen den verschiedenen Zelltypen.

Bestandteile und Aufgaben des Blutes

Im Körper eines erwachsenen Menschen fließen 4-6 Liter Blut, dies entspricht 6-8% der Körpermasse. Das Blut ist ein flüssiges Gewebe und besteht zu 45% aus Blutkörperchen (Blutzellen, geformte Bestandteile) und zu 55% aus Blutplasma (durchsichtige, helle Flüssigkeit).

Thema 3 – Blutplättchen (Thrombozyten)

Die scheibenförmigen Blutplättchen (Thrombozyten) sind 2-4 Mikrometer (µm) groß und werden durch Abschnürung riesiger Vorläuferzellen im Knochenmark gebildet. Hierbei können aus einer Vorläuferzelle bis zu 8000 Blutplättchen entstehen. Da die Thrombozyten zwar einige Zellorganellen, jedoch keinen Zellkern enthalten, können sie sich nicht durch Zellteilung vermehren. Sie haben eine Lebensdauer von 5-10 Tagen und werden danach in der Milz abgebaut.

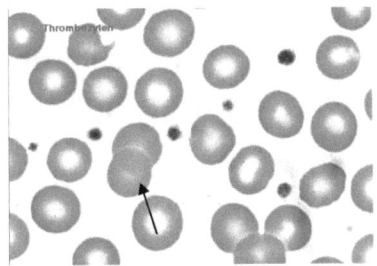

Lichtmikroskopische Darstellung von Thrombo-zyten (Pfeil). Die großen Zellen sind rote Blut-körperchen. 1000fache Vergrößerung.

Blutplättchen übernehmen wichtige Aufgaben bei der Blutstillung und bei der Blutgerinnung. Durch Verletzung eines Blutgefäßes werden die Thrombozyten aktiviert und verändern ihre Form, indem sie mehrere Fortsätze ausbilden. Dies bringt den Vorteil, dass sie sich besser aneinander lagern und einen Pfropf (Thrombus) bilden können, welcher kleinere Defekte in der Gefäßwand verschließt.
Darüber hinaus können sie Stoffe freisetzen, die zusammen mit weiteren Faktoren die Blutgerinnung auslösen.

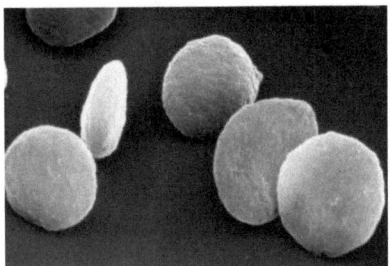

Elektronenmikroskopische Darstellung von inaktiven Blutplättchen (Thrombozyten), 8000fache Vergrößerung.

Die Fähigkeit der Thrombozyten sich zusammenzuballen kann durch Medikamente (z.B. Aspirin) gehemmt werden. Dies wird häufig als vorbeugende Therapie bei Herz-Kreislauferkrankungen eingesetzt. Unter dem Einsatz solcher Medikamente kann es allerdings bei Verletzungen, z.B. einem Sturz, zu verstärkten Blutungen kommen.

1 mm³ Blut enthält 150.000 – 300.000 Blutplättchen. Sinkt diese Anzahl unter 50.000 pro 1 mm³, so steigt die Gefahr von länger anhaltenden Blutungen, die unter

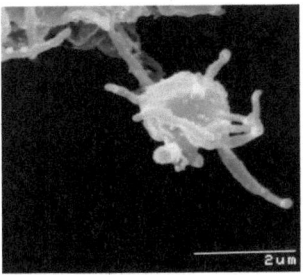

Elektronenmikroskopische Aufnahme eines aktivierten Thrombozyten. Gut sichtbar sind die lang ausgeprägten Fortsätze.

Abbildungen aus: Löffler, G.; Petrides, P. (2003): Biochemie und Pathobiochemie, S.978

Umständen lebensbedrohliche Ausmaße annehmen können.

Bestandteile und Aufgaben des Blutes

Im Körper eines erwachsenen Menschen fließen 4-6 Liter Blut, dies entspricht 6-8% der Körpermasse. Das Blut ist ein flüssiges Gewebe und besteht zu 45% aus Blutkörperchen (Blutzellen, geformte Bestandteile) und zu 55% aus Blutplasma (durchsichtige, helle Flüssigkeit).

Thema 4 – Blutplasma

Blutplasma bezeichnet den flüssigen und zellfreien Teil des Blutes. Es besteht zu 90% aus Wasser und zu 10% aus gelösten Substanzen. Von den gelösten Stoffen entfallen etwa 70% auf Eiweiße, 20% auf niedermolekulare Stoffe (Nährstoffe, Vitamine, Stoffwechselprodukte, Hormone) und 10% auf Elektrolyte (Natrium, Kalium, Chlorid).

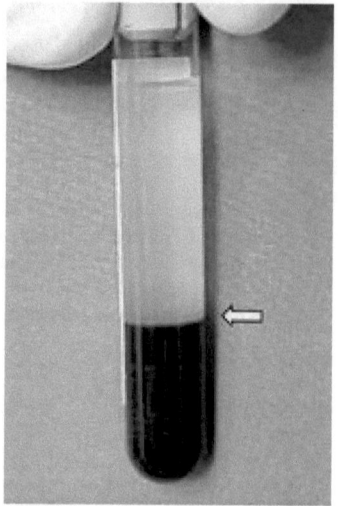

Mit dem Blutplasma werden Zucker, Fette, Eiweiße, Mineralien, Vitamine, Hormone, Stoffwechselabfallprodukte, dem Körper zugeführte Arzneimittel und Wasser durch den ganzen Körper geleitet. Für die Zusammensetzung des Blutplasmas sind vor allem die Leber (als Bildungsort der Bluteiweiße) und die Niere (als „Reinigungsorgan" des Blutes) verantwortlich.

Die im Plasma vorkommenden etwa 100 verschiedenen Eiweiße (Proteine) sind an Transportvorgängen (von Fetten, Hormonen, Vitaminen) beteiligt. Die Bluteiweiße schützen vor der übermäßigen Zunahme von Säuren bzw. Basen im Blut (Pufferfunktion).

Der Pfeil markiert die Grenze zwischen den festen Blutbestandteilen (unten im Bild, dunkel) und dem Blutplasma (hell).

Abbildung aus: Weibrich, G. (2011): Übersicht über verschiedene Eigenherstellungsverfahren von Thrombozytenkonzentraten.

Sehr wichtige Proteine, die im Blutplasma durch den Körper zirkulieren, sind Antikörper und Gerinnungsstoffe. Während die Antikörper von weißen Blutzellen in das Blutplasma abgegeben werden und den Körper vor Krankheitserregern schützen, werden die Gerinnungsfaktoren (z.B. Fibrinogen) von der Leber gebildet und sind für eine effektive Blutgerinnung verantwortlich. Die Gerinnungsstoffe schützen somit vor größeren Blutverlusten. Blutplasma ohne den Gerinnungsfaktor Fibrinogen wird als Blutserum bezeichnet.

Die mengenmäßige Bestimmung einzelner Bestandteile des Blutplasmas wird zur Diagnostik vieler Erkrankungen genutzt, z.B. Schilddrüsenfunktionsstörungen, Zuckerkrankheit (Diabetes mellitus).

A 8: Arbeitsblatt „Bestandteile und Aufgaben des Blutes"

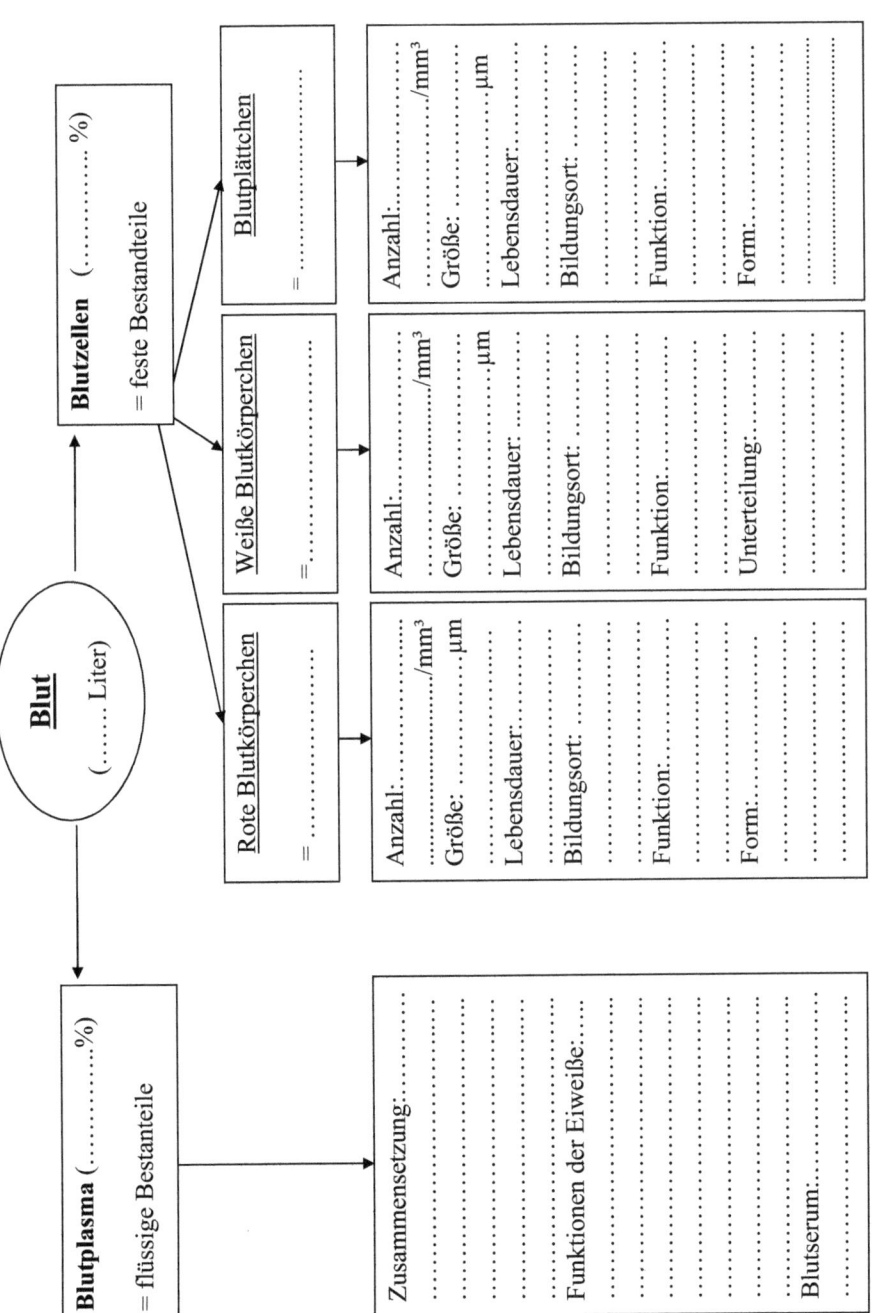

Blut
(....... Liter)

Blutzellen (............... %)
= feste Bestandteile

Blutplasma (...............%)
= flüssige Bestanteile

Rote Blutkörperchen
= ....

Weiße Blutkörperchen
= ....

Blutplättchen
= ....

Anzahl:............../mm³
Größe: ....µm
Lebensdauer:................
Bildungsort:..............
Funktion:...............
Form:...............

Anzahl:............../mm³
Größe: ....µm
Lebensdauer:................
Bildungsort:..............
Funktion:...............
Unterteilung:...............

Anzahl:............../mm³
Größe: ....µm
Lebensdauer:................
Bildungsort:..............
Funktion:...............
Form:...............

Zusammensetzung:.............
....
....
Funktionen der Eiweiße:.....
....
....
Blutserum:...............
....

A 9: Folie – Erwartungshorizont zum Arbeitsblatt „Bestandteile und Aufgaben des Blutes"

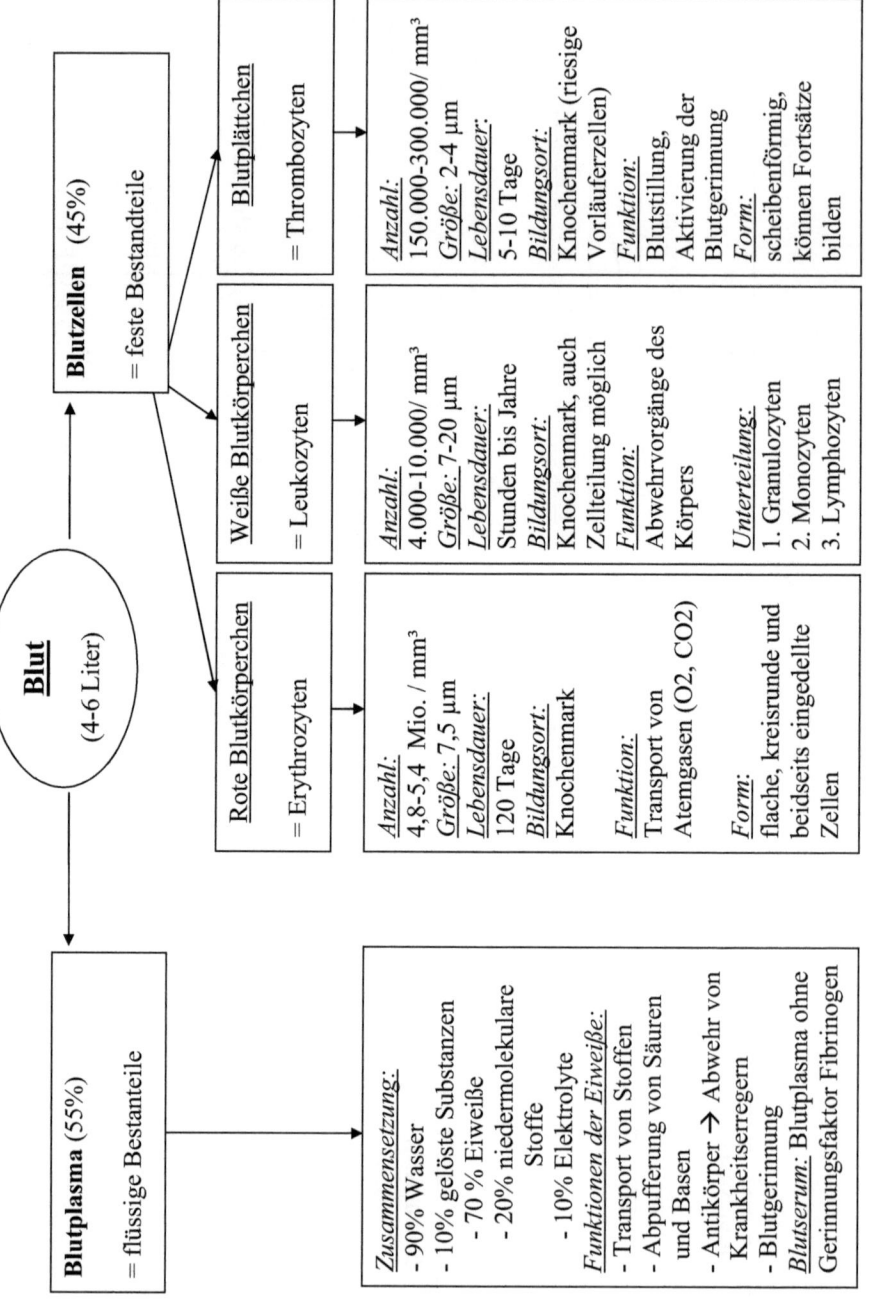

Blut
(4-6 Liter)

Blutplasma (55%)
= flüssige Bestanteile

Zusammensetzung:
- 90% Wasser
- 10% gelöste Substanzen
  - 70 % Eiweiße
  - 20% niedermolekulare Stoffe
  - 10% Elektrolyte
Funktionen der Eiweiße:
- Transport von Stoffen
- Abpufferung von Säuren und Basen
- Antikörper → Abwehr von Krankheitserregern
- Blutgerinnung
Blutserum: Blutplasma ohne Gerinnungsfaktor Fibrinogen

Blutzellen (45%)
= feste Bestandteile

Rote Blutkörperchen
= Erythrozyten

Anzahl:
4,8-5,4 Mio. / mm³
Größe: 7,5 µm
Lebensdauer:
120 Tage
Bildungsort:
Knochenmark

Funktion:
Transport von Atemgasen (O2, CO2)

Form:
flache, kreisrunde und beidseits eingedellte Zellen

Weiße Blutkörperchen
= Leukozyten

Anzahl:
4.000-10.000/ mm³
Größe: 7-20 µm
Lebensdauer:
Stunden bis Jahre
Bildungsort:
Knochenmark, auch Zellteilung möglich
Funktion:
Abwehrvorgänge des Körpers

Unterteilung:
1. Granulozyten
2. Monozyten
3. Lymphozyten

Blutplättchen
= Thrombozyten

Anzahl:
150.000-300.000/ mm³
Größe: 2-4 µm
Lebensdauer:
5-10 Tage
Bildungsort:
Knochenmark (riesige Vorläuferzellen)
Funktion:
Blutstillung, Aktivierung der Blutgerinnung
Form:
scheibenförmig, können Fortsätze bilden

Berufsschule	Zahnmedizinischer Fachangestellter Zahnmedizinische Fachangestellte **Zwischenfällen vorbeugen und in Notfallsituationen Hilfe leisten**	Klassenstufen 1 und 2

Zwischenfällen vorbeugen und in Notfallsituationen Hilfe leisten

Kurzcharakteristik

Im Handlungsbereich "Zwischenfällen vorbeugen und in Notfallsituationen Hilfe leisten" werden anatomische und physiologische Grundkenntnisse und anwendungsbereites Grundlagenwissen für Maßnahmen in Notfallsituationen vermittelt. Die Schülerinnen und Schüler begreifen den menschlichen Organismus als funktionelle Einheit. Darauf aufbauend sind sie in der Lage, eine umfassende Patientenbeobachtung vorzunehmen.

Die Schülerinnen und Schüler unterstützen den Zahnarzt bei der Anamnese und tragen zur Erfassung von Risikopatienten bei. Sie sind in der Lage, auch von englischsprachigen Patienten wesentliche Informationen zu erfragen. Sie begreifen, dass sie durch eine vorausschauende und verantwortungsbewusste Arbeitsweise entscheidend zur Verringerung von Notfallrisiken und der Früherkennung von Notfällen beitragen können. Aufbauend auf ihrem anatomisch-physiologischen Wissen ordnen sie Symptome den entsprechenden Funktionsstörungen zu und können dadurch Notfälle erkennen und beschreiben. Durch Einleitung und Koordinierung von Erste-Hilfe-Maßnahmen sind sie in der Lage, ärztliche Sofortmaßnahmen zu unterstützen. Dabei halten sie die Kommunikation mit den Patienten, sofern möglich, aufrecht und können auch in englischer Sprache beruhigend einwirken.

Die Schülerinnen und Schüler sind zum Umgang mit dem Notfallkoffer befähigt, organisieren dessen regelmäßige Kontrollen bzw. führen diese selbst durch und regeln dessen Neubestückung bei Bedarf.

Sie besitzen die für den Beruf notwendigen pharmakologischen Grundkenntnisse und gehen verantwortungsbewusst mit Arzneimitteln um.

Der Unterricht ist durch den Einsatz von Videos, Arbeitsblättern und Software so zu gestalten, dass anatomische und physiologische Grundlagen anschaulich vermittelt werden. Die Vermittlung fachtheoretischer Inhalte ist durch praktische Übungen zu ergänzen. Dabei ist Gruppenunterricht anzustreben, in dem auch die situationsgerechte Kommunikation in englischer Sprache eine Rolle spielt. Der Unterricht ist in enger Abstimmung mit den Handlungsbereichen "Praxis organisieren und verwalten" sowie "Behandlungsmaßnahmen begleiten" zu realisieren.

A 10: Auszug aus dem Lehrplan „Zahnmedizinische Fachangestellte" (2003)

Zahnmedizinischer Fachangestellter
Zahnmedizinische Fachangestellte
Zwischenfällen vorbeugen und in Notfallsituationen
Klassenstufen 1 und 2   **Hilfe leisten**   Berufsschule

Übersicht über die Lehrplaneinheiten und Zeitrichtwerte

Klassenstufe 1   **Zeitrichtwerte: 40 Ustd.**

1 Funktionsstörungen des Herz-Kreislaufsystems vorbeugen
und in Notfallsituationen Erste Hilfe leisten   22 Ustd.

2 Funktionsstörungen des Atmungssystems vorbeugen
und in Notfallsituationen Erste Hilfe leisten   10 Ustd.

Zeit für Vertiefungen, Wiederholungen und Leistungsnachweise   8 Ustd.

Klassenstufe 2   **Zeitrichtwerte: 40 Ustd.**

3 Funktionsstörungen des Verdauungssystems vorbeugen
und in Notfallsituationen Erste Hilfe leisten   16 Ustd.

4 Mit Arzneimitteln in der zahnärztlichen Praxis umgehen   16 Ustd.

Zeit für Vertiefungen, Wiederholungen und Leistungsnachweise   8 Ustd.

	Zahnmedizinischer Fachangestellter Zahnmedizinische Fachangestellte **Zwischenfällen vorbeugen und in Notfallsituationen**	
Berufsschule	**Hilfe leisten**	Klassenstufe 1

Klassenstufe 1

1 Funktionsstörungen des Herz-Kreislaufsystems vorbeugen und in Notfallsituationen Erste Hilfe leisten   Zeitrichtwert: 22 Ustd.

Die Schülerinnen und Schüler kennen die wichtigsten Termini der Anatomie und Physiologie. Sie sind zur topographischen Orientierung am menschlichen Körper in der Lage und können ihre Beobachtungen am Patienten exakt beschreiben und dokumentieren. Die Schülerinnen und Schüler besitzen Grundkenntnisse über Maßnahmen der Reanimation, der Lagerung des Patienten in verschiedenen Notfallsituationen und sind fähig, Messungen von Blutdruck und Puls durchzuführen. Unter Anwendung ihrer Kenntnisse der Anatomie und Physiologie des Herz-Kreislaufsystems erkennen sie Zwischenfälle, welche mit diesem im Zusammenhang stehen. Sie sind in der Lage, sofern es möglich ist, die Kommunikation mit dem Patienten aufrecht zu halten, falls erforderlich auch in englischer Sprache. Im Rahmen der Dokumentationspflicht zeichnen sie unter Anwendung zahnärztlicher Software die erbrachten Leistungen auf.

Orientierung am menschlichen Körper	
Zytologische und histologische Grundlagen	
Anatomisch-physiologische Grundlagen	

- Blut
  · ABO-System
  · Rhesusfaktor
  · Blutgerinnung	

- Blutgefäße	
- Herz	
Sofortmaßnahmen	
- Notfallplan	Checklisten, Anamnesebogen, Notfallkoffer Gruppenunterricht vgl. Projekt 2 und Projekt 4
- Überprüfung vitaler Funktionen	Gruppenunterricht
- Reanimation	Gruppenunterricht
Sofortmaßnahmen bei ausgewählten Zwischenfällen	
- Angina pectoris	
- Herzinfarkt	
- hypertensive Krise	
- Bewusstlosigkeit	
- Schock	
- Blutungen	

Auszug aus dem Stoffverteilungsplan „Zahnmedizinische Fachangestellte"

HB 5				KS 1	Zeitrichtwert: 40 Ustd.
UW	Datum		Std.- Zahl	Inhalt	Bemerkungen
13	28.11.	- 02.12.11		**3 Anatomisch-physiologische Grundlagen**	
14	5.12.	- 09.12.11	2	– Bestandteile und Aufgaben des Blutes – Blutgruppensysteme	
15	12.12.	- 16.12.11	2	– Blutgerinnung	
16	19.12.	- 23.12.11		– Blutgefäße	
	26.12.	- 30.12.11		**Weihnachtsferien**	
17	2.1.	- 06.01.12	2	– Wdh. und Festigung der Lehrinhalte	Spiel
18	9.1.	- 13.01.12			
19	16.1.	- 20.01.12	2	– Leistungsnachweis	Gr. 1
20	23.1.	- 27.01.12			Gr. 2

7   Literaturverzeichnis

Brauner, A. (1993): Fachkunde für Zahnarzthelferinnen, (1. Aufl.). Berlin: Cornelsen.

Trebsdorf, M.; Gebhardt, M. P. (2000): Biologie, Anatomie, Physiologie, (4. Aufl.). Reinbek: Verlag für Medizin und Technik.

Faller, A. (1995): Der Körper des Menschen, (12. Aufl.). Stuttgart: Thieme.

Frey-Eiling, A. Frey, K. (1999). *Das Gruppenpuzzle.* In J. Wiechmann (Hrsg.), *Zwölf Unterrichtsmethoden. Vielfalt für die Praxis* (S.50-57). Weinheim: Beltz.

Hugenschmidt, B. (2002). Methoden schnell zur Hand. 58 schüler- und handlungsorientierte Unterrichtsmethoden (1. Auflage). Klett: Stuttgart.

Löffler, G.; Petrides, P. (2003): Biochemie und Pathobiochemie, (7. Aufl.). Berlin: Springer.

Meyer, H. (2004): Gruppen-Puzzle. Online-Dokument: http://www.member.uni-oldenburg.de/hilbert.meyer/download/Gruppenpuzzle.pdf (06.11.2011).

Peterßen, W. H. (1999): Kleines Methoden-Lexikon (1. Aufl.). München: Oldenbourg.

Reiche, D. (2003): Roche Lexikon Medizin, (3. Aufl.). München, Jena: Urban & Fischer.

Weibrich, G. (2011): Übersicht über verschiedene Eigenherstellungsverfahren von Thrombozytenkonzentraten. Online-Dokument: http://www.spitta.de/Zahnmedizin/Aktuelles/Druckansicht/134_index+M52645d52ef9.h tml (06.11.2011)

Welsch, U. (2003): Lehrbuch Histologie. München, Jena: Urban & Fischer.